Cartografia
História e evolução dos mapas

editores
PROF. DR. ANDERSON COSTA DOS SANTOS
GILMAR PACHÁ SILVA
ilustrações de ISAURA DA SILVA

CARTOGRAFIA: HISTÓRIA E EVOLUÇÃO DOS MAPAS

Autores: Dr. Rodson de Abreu Marques (UFOP)/ Dra. Maria Eugênia Silva de Souza (UFOP)/ Fernando Dangremon Viana (UFES)
Editores: Prof. Dr. Anderson Costa dos Santos / Mestrando Gilmar Pachá Silva (FGEL-UERJ)
Revisor Científico:
Prof. Dr. Anderson Costa dos Santos (FGEL-UERJ)
Projeto de Extensão nº 5872 - Incorporação de tecnologia no aprendizado da geociência (desde 2018)
Revisores Ortográficos: Profª. Drª. Poliana Arantes / Roberto Fer nandes (ILE-UERJ)
Designer Gráfica: Isaura da Silva
ISBN: 978-65-5842-429-1

Apoio:
CNPq Museus Edital 2022
FAPERJ JCNE Edital 2022
Produtividade CNPq Edital 2021
PROCIÊNCIA editais 2020 e 2023
PR3-DEPEXT
FGEL-DMPI-UERJ
Grupos de Pesquisa: TEKTOS - GeoBioTec - IDL
Universidades Parceiras: UFOP - UFMG - UFBA - UnB - UFG - UFRJ

Editora Ciência Moderna Ltda.
R. Alice Figueiredo, 46 – Riachuelo
Rio de Janeiro, RJ – Brasil CEP: 20.950-150
Tel: (21) 2201-6662/ Fax: (21) 2201-6896
E-MAIL: LCM@LCM.COM.BR
WWW.LCM.COM.BR

Cartografia CDD 526

01/25

Projeto de Extensão nº 5872
Incorporação de tecnologia no aprendizado da geociência (desde 2018)

AGRADECIMENTOS

Agradeço aos autores das cartilhas pelo empenho apresentado para sua consecução, aos revisores científicos e linguísticos, à Anna Caroline Costa dos Santos pela idealização da logo, à designer gráfica pela produção dos personagens e da diagramação. Agradeço ao prof. Hermínio Ismael de Araújo Júnior pela inspiração em criar as apostilas de divulgação científica. Não obstante, às entidades de fomento FAPERJ e CNPq pelo apoio financeiro no desenvolvimento dos trabalhos aqui apresentados. Por fim, dedico todos esses trabalhos à minha sobrinha Melina Costa de Carvalho, por ter me inspirado em transformar a linguagem científica em palavras simples para que a ciência seja universalmente compreendida.

APRESENTAÇÃO

OLÁ!

Você que está lendo esse trabalho, saiba que ele foi idealizado para que você conheça um pouco mais sobre o mundo das geociências! Conhecer e saber como o planeta em que vivemos evoluiu nos ajuda em muitas questões atuais como exploração de bens naturais econômicos, uso e recurso da água, dos oceanos, nos faz entender um pouco mais sobre climatologia, sobre os registros do passado e de que forma podemos pensar sobre o futuro.

Queremos te ensinar um pouquinho mais sobre geociências e transmitir o conhecimento para outras pessoas. Ela foi pensada para promover e instigar a sua curiosidade pela ciência e pelos cuidados com o Planeta Terra.

E aqui, nós vamos ser os seus guias nessa jornada! Vamos explorar juntos e aprender mais sobre as geociências de maneira fácil e divertida.

Então se prepare para embarcar em uma experiência rica em conhecimento com a gente!

Vamos lá?

SUMÁRIO

GLOSSÁRIO

AGRIMENSURA: avaliação da superfície das terras: fazer a agrimensura de uma propriedade.

ARGILA: material sedimentar de composição rica em sílica e alumina, com diâmetro inferior a quatro micrômetros. Correspondendo a um material maleável, aplicado em diversos utensílios como: panelas, telhas e tijolos.

ASTROLÁBIO: instrumento de navegação de formato esférico graduado, equipado com uma haste móvel, utilizado para determinar a posição geográfica (latitude e longitude), a partir do posicionamento do sol, dos astros e estrelas.

BABILÔNIA: refere-se a uma das principais cidades da antiga Mesopotâmia, localizada entre os rios Tigre e Eufrates. Marcada por ser um grande centro cultural e econômico da região durante o período do império Babilônico, por volta de 1800 a.C. e 1600ª.C.

BACIA HIDROGRÁFICA: compreende um sistema fluvial que capta água em uma área delimitada pelas topografias, compreendendo um terreno aberto que pode receber contribuição de água subterrânea.

BIOMA: comunidade ecológica, na qual clima, biota, fauna e flora interagem, sendo essencialmente caracterizada pela vegetação.

BÚSSOLA: instrumento de campo utilizado para navegação, composto de um mostrador e uma agulha magnética que aponta para o norte. A bússola do geólogo ainda conta com algumas funções extras, como a presença de um clinômetro, permitindo a coleta de medidas de direção e mergulho de estruturas e camadas.

COSMOVISÃO: perspectiva pessoal sobre o modo de enxergar a vida, baseando-se na filosofia, religião, e etc.

ESCRITA CUNEIFORME: escrita típica dos antigos povos da Mesopotâmia, em forma de cunha.

FOTOGRAMETRIA: mapeamento de grandes áreas de forma mais ágil, eficaz, precisa e menos dispendiosa que o mapeamento convencional.

MAGNETISMO: corresponde a um fenômeno físico que atribui a propriedade de atração ou repulsão de outros objetos.

MESOPOTÂMIA: conhecida como o "berço da civilização", a Mesopotâmia abrangia a região situada entre o rio Tigre e Eufrates, atual território do Iraque, no Oriente Médio.

NÔMADES: pessoa que vive migrando com frequência, não tendo habitação fixa.

PAPIRO: material proveniente de uma planta nativa Africana, utilizado pelos egípcios como papel de escrita.

PINTURA RUPESTRE: inscrições e desenhos gravados em rochas pelas primeiras civilizações.

SEXTANTE: o sextante é um instrumento de reflexão usado para medir a altura dos astros e suas distâncias angulares, sendo essencial para determinar a latitude a partir de um navio ou aeronave.

SISTEMAS DE INFORMAÇÕES GEOGRÁFICAS: ferramentas computacionais aplicadas a dados georreferenciados.

TELESCÓPIO: equipamento utilizado para observação de astros, composto por um espelho côncavo (objetiva) fixa em um tubo, permitindo assim a observação a grandes distâncias.

TEOCRACIA: modelo de governo no qual os princípios de interpretação das leis são de acordo com os ideais da igreja, exercendo assim autoridade tanto em assuntos religiosos quanto cívicos.

TEODOLITO: um teodolito é um instrumento topográfico de alta precisão usado para medir e classificar ângulos horizontais e verticais, bem como algumas distâncias.

TOPOGRAFIA: corresponde a uma descrição das características naturais de um lugar ou terreno, abrangendo relevo, topografia, entre outros

N
O
L
S

Introdução

Nós vamos "navegar" por um mundo de descobertas e transformações a partir dos mapas na história. A nossa jornada começa desde os tempos mais longínquos da humanidade, quando rotas eram registradas em rochas pelos nossos ancestrais, passando pelas civilizações que ocuparam a antiga Mesopotâmia (Babilônia), a China, o Egito Antigo, a Grécia Antiga, o Império Romano, a Idade Medieval, o Renascimento - era das grandes navegações, o Iluminismo, a era moderna e até a chegada da tecnologia com imagens por satélites atualmente.

Primeiramente, por que a evolução da cartografia é importante para o desenvolvimento da humanidade?

O conhecimento acerca das técnicas cartográficas começou em períodos remotos do surgimento da nossa espécie, quando estabeleceram sua maneira de viver, como as formas de sobrevivência, caça e agricultura. Desta forma, eram necessárias as relações com a natureza e o entendimento do espaço geográfico no cotidiano.

Como seres pensantes, devemos ter ciência que a evolução da cartografia foi aperfeiçoada em ações bélicas, em estratégias de guerra, em avanços tecnológicos e científicos, em pensamentos artísticos e em mobilizações históricas que necessitavam e requeriam maior exatidão e aprimoramento na técnica

da reprodução da superfície da Terra (ANDERSON, 1982).

Atualmente a cartografia como ciência é compreendida pela projeção do espaço geográfico em um plano - mapas e cartas - e com quais técnicas estes produtos são elaborados, sejam por computadores avançados, imagens geradas por satélites ou até mesmo fotos aéreas (ANDERSON, 1982). A Figura 01 mostra um mosaico de cartas e mapas, representando a ciência cartográfica.

A evolução da cartografia é importante para o desenvolvimento da humanidade porque permite que possamos entender melhor o mundo ao nosso redor. Ela auxiliou explorações e descobertas geográficas e hoje é uma ciência fundamental para o planejamento urbano, para o gerenciamento de recursos naturais e para defesa e segurança nacional. Por fim, a cartografia é também uma ferramenta valiosa para a educação e consciência ambiental, pois ela nos permite visualizar e entender as mudanças ambientais que ocorrem em todo o mundo (HARLEY, 1988).

Figura 01 - Mosaico de mapas representando a ciência cartográfica.

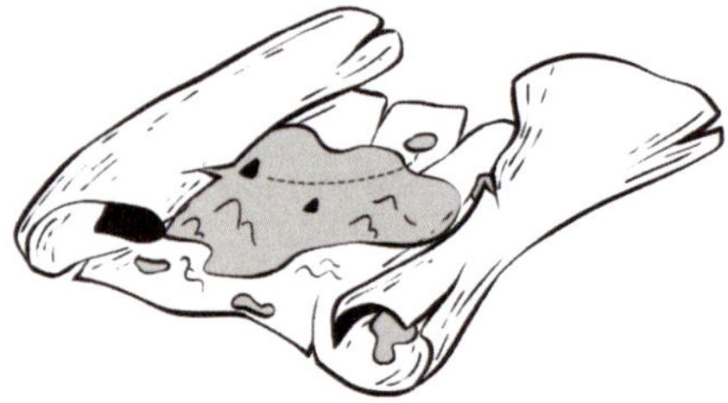

Pinturas Rupestres

A representação em mapas rudimentares com itinerários e rotas, como reprodução em pinturas rupestres (Figura 02), surgiu a partir da observação das populações nômades ancestrais das localizações geográficas. Tais ilustrações vieram como forma da necessidade da demanda de demarcação de regiões de caça, alimentos, posição de aldeias, trajetos, destinos e conflitos entre outros grupos rivais (CAMPOS, 2007).

Figura 02 - Recorte de um painel de Representações rupestres situado em São Francisco das Palmeiras - Morro do Chapéu - Ba. Foto: Chico Ferreira. Domínio Público. Fonte: Flickr

Você Sabia...

sobre as Pinturas Rupestres?

Os mapas antigos em forma de pinturas rupestres, que foram ilustrados em cavernas pelos povos antigos, ainda não tiveram suas interpretações completamente desvendadas. Um exemplo bem interessante são os desenhos primitivos, por volta de 2400 a.C. na Itália, em uma região conhecida como Vale do Pó, com a reprodução de tarefas afgrícolas e pastoris.

BABILÔNIA

Um dos primeiros registros cartográficos, o Imago Mundi (Figura 03), foi talhado em escrita cuneiforme, antiga escrita suméria. O mapa expressa o entendimento de como eram produzidos os artefatos arqueológicos e de como era a o pensamento geográfico e a concepção do mundo espacial nos séculos VI e V a.c. A concepção cartográfica dos babilônios pode ser compreendida a partir de fundamentos topográficos e climáticos como: 1) a direção dos ventos predominantes a noroeste; 2) da bacia hidrográfica, onde vertem os rios Tigre e Eufrates, cujo a nascente deste último representaria o Norte e a foz, o Sul; e 3) a ocorrência das Montanhas ao norte. Os estudos e pesquisas da arqueologia da região elucidam que este mapa sustenta a ideologia de uma cosmovisão mítica de entendimento de mundo das civilizações que habitaram a Mesopotâmia, de acordo com diversas tabuinhas em argila descobertas no século XIX (HOROWITZ, 1988).

Figura 03 - Iamago Mundi. Uma visão aproximada do mapa babilônico do mundo. Esta tabuinha de argila parcialmente quebrada contém inscrições cuneiformes e um mapa único do mundo da Mesopotâmia. Provavelmente de Sippar, Mesopotâmia, Iraque. 700-500 a.C. Museu Britânico, Londres. Foto: Domínio Público. Osama Shukir Muhammed Amin FRCP(Glasg). Fonte: Wikimedia

Você Sabia...

sobre a Babilônia?

O Imago Mundi, produzido pelos babilônios, entre 700 a 500 a.C., pode ser considerado o registro cartográfico de maior detalhe mais antigo da história, sendo descoberto na cidade de sippar (sul do Iraque) (HOROWITZ, 1988).

China

As representações e confecções em forma de mapas e cartas na antiga China são determinadas por volta do século IV a.C. (Figura 04). A cartografia chinesa, tanto em terra como em água, tinha por finalidade a orientação, propósitos de estratégias de guerras, demarcações de territórios, a fim de se estabelecer políticas administrativas de cobranças de impostos (CAMPOS, 2007).

Figura 04 - Museu da Escrita Chinesa, Anyang. Coleção completa de fotos indexadas em WorldHistoryPics.com. Gary Todd Creative Commons Zero, Public Domain Dedication Ancient Chinese Writing on Warring States Ceramics.
Fonte: Wikimedia

Você Sabia...

sobre a China?

Os chineses foram os inventores da bússola. Estima-se que tal aparato tenha sido criado por volta do século I. Eles empregavam uma espécie de colher que se direcionava para o Sul. A colher foi trocada por uma folha de ferro parecida com um peixe novecentos anos depois.

Os chineses utilizavam a técnica de magnetizar a folha parecida com peixe e esquentá-la. Logo após, mergulhava-se a folha incandescente na água e então a cauda apontava para a direção norte. A folha foi substituída por um conjunto de agulha e fio de seda no século XI (PREPARA ENEM, 2023).

Egito Antigo

Assim como os chineses, os egípcios também utilizavam os mapas com finalidade de delimitação de territórios e como instrumento administrativo.

Os egípcios tiveram um papel importantíssimo na história (Figura 05), assim como, no legado para os mapas, baseando-se em métodos da matemática clássica, como a triangulação (determinar distâncias entre localidades) e a invenção do instrumento denominado "nível" (pêndulo aplicado para medição de áreas). Com estes adventos, conseguiram confeccionar cartas geográficas tendo como finalidade o registro documental, com representações do rio Nilo e as terras férteis (CAMPOS, 2007).

O desenvolvimento de técnicas cartográficas era primordial principalmente para a maioria dos sacerdotes e faraós, pois enriqueciam, a partir dos impostos - lucro gerado pela obtenção de riquezas como ouro, grãos e especiarias. (LUCÍRIO E HEYMANN, 1992 p,35). Além disso, foram os encarregados pela criação de mapas temáticos (Figura 06), visto que originaram a agrimensura (CAMPOS, 2007).

Figura 05 - Relevo de pedra esculpida no antigo Egito - Mastaba de Metjen. Galeria Egípcia, Neues Museum, Berlim, Alemanha. Coleção completa de fotos indexadas em WorldHistoryPics.com. Gary Todd from Xinzheng. Foto de Domínio Público.
Fonte: Wikimedia

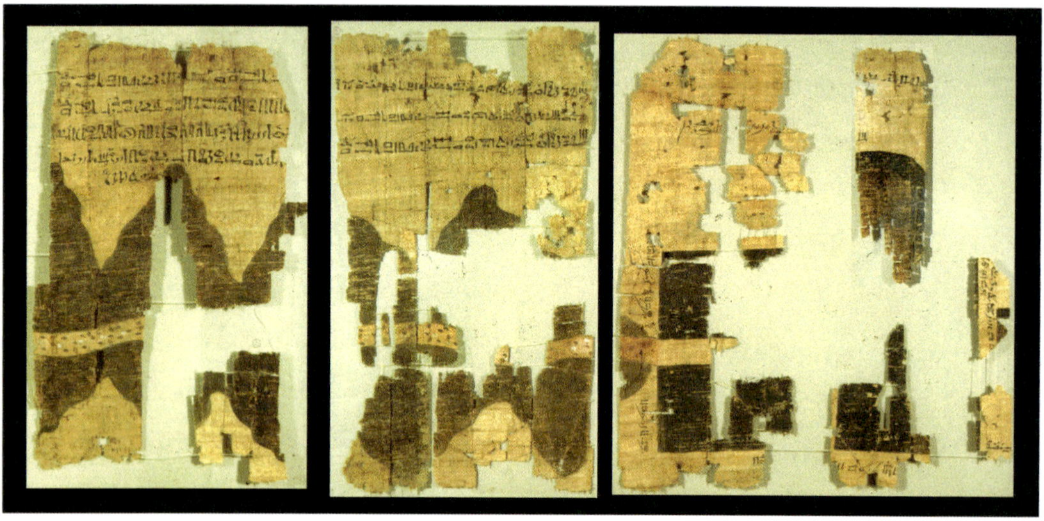

Figura 06 - Fragmentos do papiro de Turim - um antigo mapa de mineração egípcio (metade direita), para a expedição de pedreiras de Ramsés IV, século XII aC (Novo Reino). Zyzzy. Foto de Domínio Público.
Fonte: Wikimedia

VOCÊ SABIA...

sobre o Egito Antigo?

Sendo uma civilização teocrática, no Antigo Egito era comum cultuar a vida após a morte. Nos recintos funerários havia papiros, simbolizando o mundo dos mortos, como se fosse um mapa para orientar as almas.

O Mundo Clássico – Grécia Antiga

Sabemos que as contribuições da Grécia Antiga foram de extrema importância para a humanidade e, quando se aborda esta civilização, sempre há referências relacionadas à filosofia, às artes e às ciências. Também muito há o que se pensar nos avanços militares e marítimos, visto que incentivaram e desenvolveram o emprego de técnicas ligadas à matemática, astronomia e o estudo do cosmos. De fato, os gregos foram pioneiros em bases científicas aptas a reproduzir, a partir da cartografia, as características da superfície terrestre (LUCÍRIO E HEYMANN, 1992 p,35; ATLAS ESCOLAR – IBGE, 2023).

A reprodução da Terra, na visão de Anaximandro (610 a 546 a. C.) e Hecataeus (c. 550 a 475 a.C), havia um oceano que bordejava os três continentes representantes do Velho Mundo – Europa, Ásia e África (Figura 07). Tal experimento foi idealizado a partir de um disco suspenso no ar. Anos mais tarde, na Escola de Pitágoras, o pensamento sobre a Terra foi aprimorado, a partir de estudos e observações do eclipse, propondo, assim, a tese de que a Terra teria um formato esférico (CAMPOS, 2007).

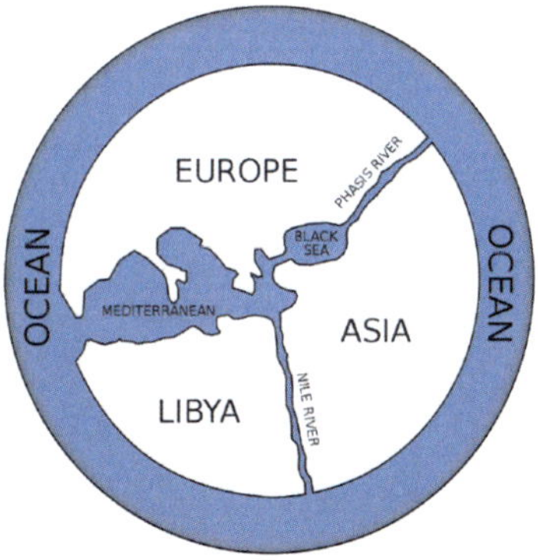

Figura 07 - Possivelmente como era o primeiro mapa-múndi perdido de Hecataeus e Anaximandro. User: Gikü, 2008. Foto de Domínio Público.
Fonte: Wikimedia

Você Sabia...

sobre a Grécia Antiga?

A teoria de que a Terra teria um formato esférico foi legitimada pela ciência somente em 350 a. C., a partir dos estudos de Aristóteles, um dos mais famosos filósofos da Grécia Antiga.

Foram inúmeras as contribuições da Antiga Grécia para o desenvolvimento da Cartografia. Neste sentido, ainda podemos referenciar muitos nomes relevantes durante este período, como Erastótenes (275-194 a.C.), que calculou a circunferência da Terra, e Ptolomeu (90-168 d.C.), que confeccionou um mapa mundi (Figura 08) (ATLAS ESCOLAR - IBGE, 2023).

Figura 08 - Representação da versão do Mapa de Ptolomeu. Foto de Domínio Público. Fonte: Wikimedia

O Mundo Clássico – Roma Antiga

No desenvolvimento das técnicas cartográficas, os romanos não se destacaram muito se comparados aos gregos. Os mapas e as representações eram mais obsoletos, pois colocavam Roma como o centro da Terra e. com técnicas mais arcaicas, dando destaque aos caminhos e trajetórias (ATLAS ESCOLAR – IBGE, 2023).

Você Sabia...

sobre Roma?

Os romanos, diferente dos gregos, tinham objetivos mais práticos do que filosóficos: empregavam as representações cartográficas para propósitos bélicos, administrativos e mercantis.

Por conta dessa praticidade, optavam por cartas que retratassem áreas pequenas ou mais restritas, como a Tábua de Peutinger, no qual operavam o astrolábio para interpretação dos fenômenos que ocorriam no céu (INFOESCOLA, 2023).

Portanto, era notório que os romanos se baseavam em evidências voltadas, principalmente, à geometria e a astronomia. Para tal, pretendia-se solucionar os obstáculos referentes à localização (CAMPOS, 2007).

Estabelecido no Campo de Marte (Roma), o "Orbis Terrarum" (Figura 09) era um dos melhores representantes cartográficos que foi deixado como legado por Marcus Vipsanius Agripa (63 -12 a.C.). Embora não tenham sido preservados, exprimiam a visão de localização, com a representação minuciosa de caminhos e percursos do Império Romano (ATLAS ESCOLAR - IBGE, 2023).

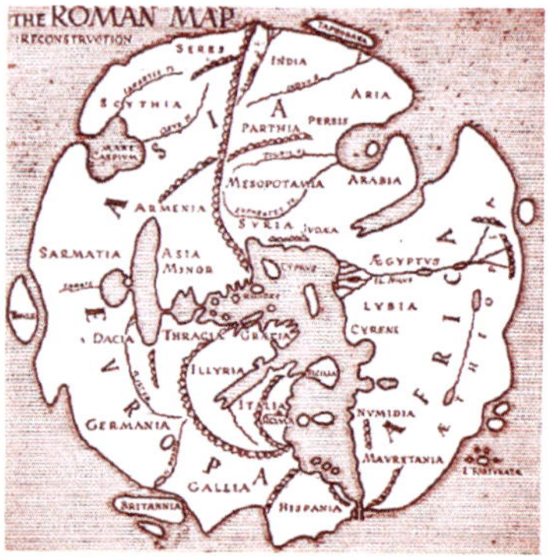

Figura 09 - "Orbis Terrarum" - Vipsanius Agripa. Reprodução do mapa original (20 a.C.). Fonte: steamcommunity.com

Idade Média

Se houve tantos avanços da cartografia em relação aos romanos e gregos, durante a Idade Média, na Europa aconteceu o caminho oposto, pois foi marcado por um retrocesso em relação à construção do pensamento cartográfico e, principalmente, aos avanços da tecnologia. O principal motivo foi a visão cristã do sobrenatural e do sagrado. Eram utilizados mapas do tipo "T" e "O" (figura 10), caracterizando os corpos de água e continentes conhecidos (CAMPOS, 2007).

Figura 10 - Mapa de Isidore de Sevilha, século I d.C. www.nesemann.eu 1403l1.html. Foto de Domínio Público.
Fonte: Wikimedia

Em consequência, por volta do século XIII, foram implementadas as Cartas Portulanas, uma categoria de mapas com finalidades náuticas, concebidas possivelmente por embarcações expedicionárias (CAMPOS, 2007).

No entanto, este advento só foi factível pela utilização da bússola, a partir do intercâmbio propiciado pelos árabes durante o período da Idade Média, provavelmente no século XII (CAMPOS, 2007).

Você Sabia...

sobre a Idade Média?

Durante a Idade Média, os árabes foram essenciais para o progresso na área da cartografia, levando a bússola para a Europa.

Renascimento – A Era dos Descobrimentos

O Renascimento, do século XIV ao século XVI, também ficou conhecido como a era dos grandes descobrimentos. Os ensinamentos e reflexões de Ptolomeu foram elucidados, propiciando conhecimentos e estímulo para quem despontava a se arriscar em mares nunca navegados (CAMPOS, 2007).

Você Sabia...

sobre o Renascimento?

Para se aventurarem nos mares desconhecidos em longas viagens, os navegadores já tinham à disposição importantes ferramentas, como a bússola, o astrolábio, mecanismos de gravação em papel e as imponentes embarcações da época, as caravelas.

Os portugueses despontavam como importantes navegadores e conhecedores da cartografia, sendo implementadas metodologias para salvaguardar a segurança dos navegantes e de reprodução em cartas das terras recém-descobertas. Portanto, a suposta instituição conhecida como "Escola de Sagres" teria sido para preparação e desenvolvimento de habilidades de cosmógrafos e pilotos (ATLAS ESCOLAR - IBGE, 2023).

A era dos descobrimentos começou com os europeus explorando a costa leste africana, e como já sabemos, no final do século XV descobria-se a América, um enorme continente para mapearem, constituída de potenciais riquezas minerais das terras ainda inexploradas. Tais questões fundamentavam os investimentos expedicionários no Novo Mundo (ATLAS ESCOLAR - IBGE, 2023).

Muitas viagens realizadas pelas caravelas contornaram as costas dos continentes do Velho Mundo com intuito de se estabelecer o contorno geográfico que pudesse ser representado em cartas náuticas. Entre meados do século XV e meados do Século XVI foram várias tentativas pioneiras de se representar a superfície terrestre de forma plena: O pioneiro a reproduzir o "descobrimento" da América foi Juan de la Cosa, da expedição de Cristóvão Colombo, a partir de um mapa-mundi; Diego Ribeiro concebeu um planisfério; e Matim Behaim produziu um globo terrestre (CAMPOS, 2007).

Você Sabia...

sobre a Era dos grandes descobrimentos?

No Brasil, João Emenlaus, que fazia parte de uma das embarcações comandadas por Pedro Alvares Cabral, foi o primeiro a determinar a latitude, com auxílio de um astrolábio, do continente recém--descoberto pelos portugueses.

Uma das maiores contribuições para a cartografia ocorreu ainda no século XVI, pois neste período houve diversas expedições com intuito de se estabelecer rotas comerciais no Atlântico. Quem tinha o domínio dos mares nesse período eram os holandeses, que contavam com poderosas escolas de navegação e suas cidades mercantis funcionavam como intercâmbio de navegantes de muitos territórios distantes. Nesta época destaca-se o cartógra-

fo Gerardus Mercator, ao qual há uma projeção cartográfica em sua homenagem. Mercator compilou uma diversidade de dados de suas viagens, abrangendo: mapas pioneiros, relatos e histórias de navegadores, levantamentos matemáticos e referências filosóficas. Com os embasamentos científicos e historiográficos, confeccionou um mapa do planeta Terra, sendo reparadas as distorções dos mapas antigos. Portanto, é creditado a Mercator a alcunha de pai da cartografia moderna (Figura 11) (LUCÍRIO E HEYMANN, 1992 p.39; CAMPOS, 2007).

Figura 11 - Mapa de 1569, mostrando a influência de Mercator - cal: América do Sul. (Relevo mostrado pictoricamente. Título f necido pelo catalogador. Atribuído a Gerard Mercator? Cf. Ca de Philip D. Burden, 14 de abril de 1994, para James Flatness. carta: Celeberrimæ prouinciæ na América versus occidente Andreas Theuetus Latius hoc commemorat. Na borda infer Meridies.).
Fonte: Library of Congress

Astecas

Embora diversas outras civilizações foram reconhecidas marcadamente por seus feitos e contribuições na evolução e desenvolvimento de mapas e cartas, os astecas se destacaram nas representações geográficas, independentemente da influência da colonização europeia (INFOESCOLA, 2023).

Você Sabia...

sobre os Astecas?

O denominado "Mapa de Teccizttlán" compreende informações referente ao bioma da região onde a civilização asteca vivia (atual território do México).

O "Códice Tepetlaoztoc" fornece informações coloridas referentes a trajetórias em rios e cursos d'água, além de caminhos em terra.

ILUMINISMO

O iluminismo (Figura 12) é conhecido por uma fase de transformação na humanidade e foi caracterizado pelos grandes avanços na reprodução e entendimento dos mapas, devido às escolas de Cartografia e navegação, além do desenvolvimento e aprimoramento de técnicas de medição e a dedicação à precisão científica e topográfica (CAMPOS, 2007).

Figura 12 - Representação do iluminismo - movimento intelectual que ocorreu na França e ficou conhecido como século da luz.
Fonte: os autores - produzido no Canva.

VOCÊ SABIA...

sobre o Iluminismo?

Durante o Período compreendido como Iluminismo, as representações cartográficas passaram a ter um rigor científico, incluindo dados geodésicos nos mapas-mundi. Foram excluídos, enfim, as ilustrações imaginárias e criaturas marinhas que compunham os mapas de épocas anteriores.

A Era Moderna – Século XVIII

A Revolução industrial na Inglaterra, no século XVIII, representou um marco no desenvolvimento da nossa sociedade. Consequentemente, houve mais acurácia nas confecções dos mapas (Figura 13) e no desenvolvimento de novas ferramentas. Dessa forma, a Inglaterra e toda a Grã-Bretanha surge como grande potência cartográfica, desbancando a Antuérpia (ATLAS ESCOLAR - IBGE, 2023).

Figura 13 - Planiglobium Terrestre - Weigel, 1746 (Tradução: Planisfério Global). Exemplo da produção cartográfica do século XVIII. Johann Baptist Homann (German, Oberkammlach 1663-1724 Nuremberg)-Metropolitan Museum of Art. Copyright info: Dedicação de Domínio Público (CC0).
Fonte: The Metropolitan Museum of Art

Você Sabia...

sobre a Revolução Industrial?

A Revolução Industrial trouxe uma significativa contribuição para as ciências cartográficas. Com a produção de riquezas, a confecção dos mapas e cartas tiveram mais investimentos, tornando-se assim mais precisos e com melhor qualidade.

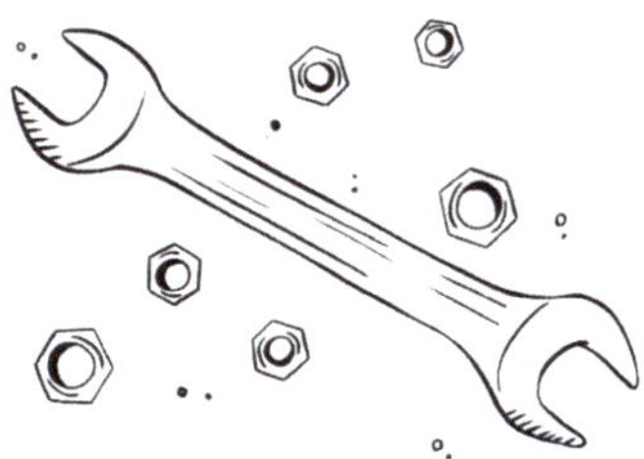

Com o lucro gerado possibilitou também o desenvolvimento e o emprego de novas técnicas na ciência, como: na astronomia - a utilização do primeiro telescópio refletor, por Jonh Hadley; na cartografia - o cronômetro marinho, por John Harrison, para resolver dificuldades em se obter dados de longitudes e na topografia - a criação do sextante e o teodolito, por Jesse Ramsden (ATLAS ESCOLAR - IBGE, 2023).

SÉCULO XIX

O Século XIX surge como grande expoente da cartografia no mundo. Um dos principais nomes foi Carl Ritter que deu início a confecção dos mapas escolares, com um viés mais descritivo, como por exemplo, o mapa da Palestina de 1830 (Figura 15). Ritter foi pioneiro na Geografia moderna conjuntamente com Alexander von Humboldt. Além disso, atribuiu valores nas comparações das paisagens naturais do planeta, conhecida como princípio da analogia. Como exemplo, pode ser visto a influência no mapa histórico do Brasil de 1851, incluindo paisagens naturais (Figura 15) (CAMPOS, 2007).

Figura 14 - Mapa da Palestina de 1830, por Carl Ritter. Heinrich Kiepert. Foto de Domínio Público.
Fonte: Wikimedia

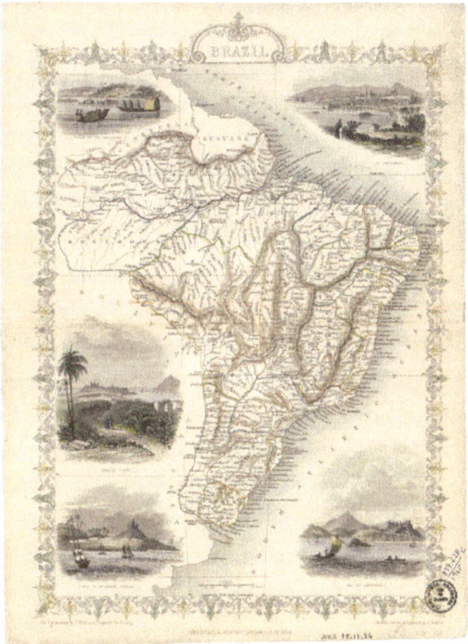

Figura 15 - Mapa Histórico do Brasil (1851).
Foto de Domínio Público.
Fonte: Wikimedia

Você Sabia...

sobre o Século XIX?

No século XIX a elucidação sobre o conhecimento científico dos objetos geográficos e das paisagens naturais já viabilizavam a disjunção entre "realidade" e a "fantasia". Portanto, as contribuições de Ritter e Humboldt foram integradas a um mundo em transformação com o progresso da Geografia moderna e da cartografia.

Século XX e XXI

Com o crescente avanço da tecnologia, no início do século XX, houve mais agilidade e eficiência na disponibilização, atualização dos dados e detalhamento de informações (ATLAS ESCOLAR - IBGE, 2023), como pode ser observado no mapa da figura 16.

Figura 16: Mapa da América do Sul do século XX, mostrando mais detalhadamente atributos técnicos que os mapas anteriores. London Geographical Institute - The People's Atlas (1920) George Philip & Son L.Tda. Foto de Douglas Fernandes.
Fontes: Library of Congress/ Flickr

Atualmente, há a disposição ferramentas úteis como computadores modernos, fotos aéreas, imagens orbitais e sistema de posicionamento de satélites (ATLAS ESCOLAR - IBGE, 2023).

Você Sabia...

sobre o Século XX?

No século XX, a evolução da cartografia combinou técnicas de balões, da fotografia e de metodologias estatísticas.

E como era de se esperar, a invenção do avião também revolucionou a cartografia. Unindo esta técnica com a da fotografia, surgiu a fotogrametria: mapeamento de grandes áreas de forma mais ágil, eficaz, precisa e menos dispensiosas que o mapeamento convencional.

A integração dos satélites propiciou o desenvolvimento e a expansão da visão integral de diversas áreas do planeta Terra, permitindo analisar mapas temáticos e características intrínsecas. Como exemplo, observa-se uma imagem de satélite da NASA da região Nordeste do Brasil (Figura 17), destacando os enclaves de Caatinga e Florestas úmidas (CAMPOS, 2007).

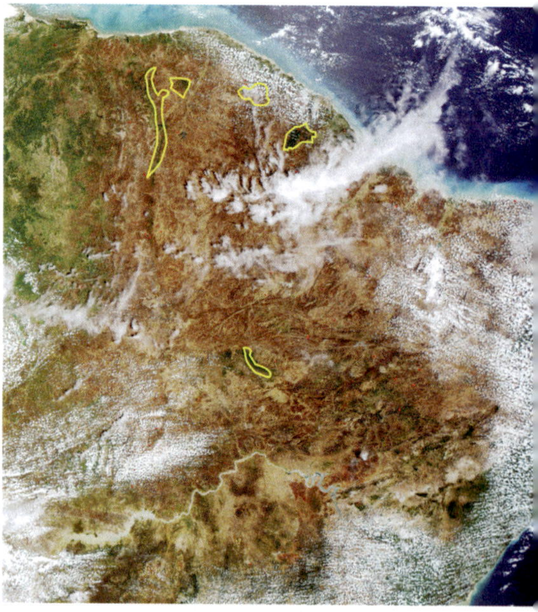

Figura 17 - Imagem de satélite mostrando enclaves de caatinga e florestas úmidas (2012). A linha amarela inclui os limites das ecorregiões conforme delineado pelo WWF. Modificado por: Miguelrangeljr, incluindo limites usando o Corel Draw X4. Imagem de satélite da NASA.
Fonte: Wikimedia

Os métodos de elaboração dos registros cartográficos têm sido modernizados com a incorporação de novas tecnologias, como computadores de última geração, navegadores mais rápidos, atualização de programas, telescópios de alto alcance e sistemas de informações geográficas (CAMPOS, 2007).

Hoje em dia é possível utilizar ferramentas tecnológicas avançadas diretamente do computador da sua casa. O Google Earth é um dos melhores exemplos, com ferramentas que possibilitam navegar por todo o mundo. Com as atualizações, é possível explorar regiões em modelo digital 3D (Figura 18).

Você Sabia...

sobre o Século XXI?

Os satélites têm ferramentas capazes de captar a energia emitida pela radiação, como as particularidades dos solos, vegetação, temperaturas e outros elementos. As informações das Imagens são emitidas para Terra e transformadas em mapas - Imagens orbitais.

Figura 18 - Mapa 3D da cidade de Ouro Preto, observada por imagens de satélite.
Fonte: Google Earth

Outro exemplo é o site de David Rumsay Map Collection, associado ao Google Earth, cuja coleção contém mais de 150 mil exemplares. O gigantesco acervo possui mapas, atlas, globos, livros de exploração, cartas marítimas, manuscritos e uma variedade de materiais cartográficos disponibilizados virtualmente. A coleção contém mapas raros dos séculos XVI ao XXI e é possível, com a utilização de algumas extensões, sobrepor mapas antigos no globo terrestre interativo disponibilizado no Google Earth (Figura 19).

Figura 19 - Sobreposição do Mapa da América do Sul feito pelo cartógrafo francês D'Anville (1787) e a imagem do planeta terra disponibilizado no Google Earth.
Fontes: Google Earth/ David Rumsey Historical Map Collection

Exemplo de mapa temático: Mapas Geológicos

A cartografia geológica é um ramo específico da cartografia. Sua principal função é representar graficamente as características geológicas (rochas, solos e estruturas) da Terra em mapa. Sua importância é multifacetada, pois, com ela podemos identificar áreas propícias à exploração mineral, planejar infraestruturas como estradas, ferrovias e construção civil, gerenciar riscos geológicos, definirmos diretrizes de proteção ambiental e conduzirmos pesquisas científicas.

Um exemplo de como a cartografia geológica é uma ferramenta valiosa, está no projeto Quadrilátero Ferrífero 2050, disponível no site https://qfe2050.ufop.br/. Neste projeto, a atualização do mapa geológico do Quadrilátero Ferrífero (Figura 20) foi fundamental para entendermos os avanços científicos e de exploração mineral nos últimos 50 anos, mas também para sua colocação como um dos 100 primeiros Sítios do Patrimônio Geológico da União Internacional das Ciências Geológicas.

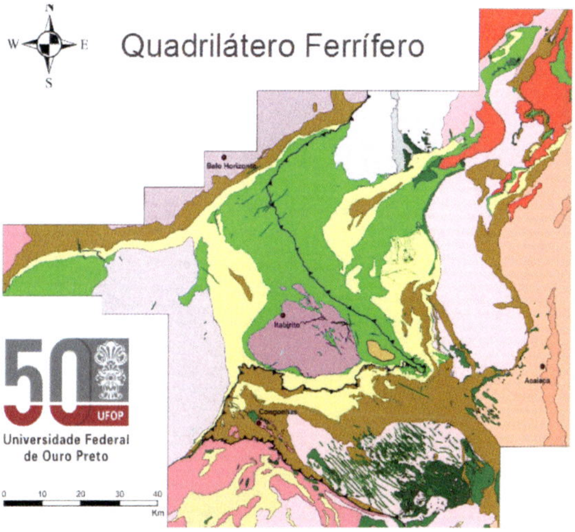

Figura 20 - Mapa Geológico do Quadrilátero Ferrífero versão 2019, escala 1:150.000: Revisado e atualizado.
Fonte: UFOP - Universidade Federal de Ouro Preto

ATIVIDADES

HORA DE PENSAR!

1. Qual o nome dos desenhos feitos em cavernas pelos povos antigos?

2. Onde foi feito o Imago Mundi (considerado o primeiro registro cartográfico de maior detalhe mais antigo da história)?

3. Quem foram os pioneiros, de acordo com bases científicas, aptos a reproduzir, a partir da cartografia, as características da superfície terrestre?

4. A teoria de Anaximandro e Hecataeus, na Grécia Antiga, afirmava que havia um oceano que bordejava os três continentes representantes do Velho Mundo. Quais eram esses continentes?

5. Quem foram considerados os inventores da bússola, por volta do século I?

6. A cartografia chinesa, tanto em terra quanto em água, tinha por finalidade a orientação, propósitos de estratégias de guerras, demarcações de territórios, a fim de se estabelecer políticas administrativas de:

___

7. Quem tinham os objetivos mais práticos do que filosóficos, empregando as representações cartográficas para propósitos bélicos, administrativos e mercantil?

___

8. Qual o nome do mapa que foi considerado um dos melhores representantes dos caminhos e percursos do Império Romano?

___

9. Quem foram os encarregados pela criação de mapas temáticos, originando a agrimensura?

___

10. Baseando-se na matemática clássica e nos instrumentos como "nível" e o pêndulo, quem foram os responsáveis por confeccionar cartas com representações do Rio Nilo?

____

11. Durante a Idade Média, quem foram os principais responsáveis pelo progresso na área da cartografia, visto que levaram a bússola para a Europa?

____

12. Em que época foram utilizados mapas tipo "T" e "O", visto que o principal motivo seria a visão cristã do sobrenatural e do sagrado?

____

13. Os ensinamentos e reflexões de Ptolomeu foram elucidados, propiciando conhecimento e estímulo para quem despontava a se arriscar em mares nunca navegados. Portanto, o Renascimento, do século XIV ao século XVI, também ficou conhecido como:

____

14. Quem é considerado o pai da cartografia moderna?

____

15. A cartografia teve grandes avanços com o emprego de ferramentas como o telescópio refletor, o cronômetro marinho, o teodolito e o sextante. Esses equipamentos foram criados durante o lucro obtido durante a:

16. Em qual século já havia um grande conhecimento científico dos objetos geográficos e das paisagens naturais, viabilizando a separação entre "realidade" e a "fantasia"?

17. No Brasil, João Emenlaus, que fazia parte de uma das embarcações comandadas por Pedro Alvares Cabral, foi o primeiro a determinar a latitude o continente recém-descoberto pelos portugueses. Ele utilizou qual instrumento?

18. Qual civilização confeccionou "Mapa de Tecciztlán" que compreendia informações referentes ao bioma da região do atual território do México?

19. O Século XIX surge como grande expoente da cartografia no mundo, dando início a confecção dos mapas escolares, com um viés mais descritivo. Quais os dois pesquisadores pioneiros da Geografia Moderna do Século XIX?

____

20. Em qual século, a evolução da cartografia combinou técnicas de balões, aviões, da fotografia e de metodologia estatísticas?

____

21. As representações cartográficas passaram a ter um rigor científico, incluindo dados geodésicos nos mapas-múndi. Foram excluídos, enfim, as ilustrações imaginárias e criaturas marinhas que compunham os mapas de épocas anteriores. Essas técnicas foram empregadas durante o Período compreendido como:

____

22. Com a produção de riquezas, a confecção dos mapas e cartas tiveram mais investimentos, tornando-se assim mais precisos e com melhor qualidade. Qual o processo de mudança ocorrido na Europa nos séculos XVIII e XIX que trouxe uma significativa contribuição para as ciências cartográficas?

____

23. Qual equipamento tem ferramentas capazes de captar a energia emitida pela radiação conforme as particularidades dos solos, vegetação, temperatura e outros elementos e levam informações para Terra e transformando-as em mapas - Imagens orbitais?

---

24. Em qual século os métodos de elaboração dos registros cartográficos foram modernizados com a incorporação de novas tecnologias, como computadores de última geração, navegadores mais rápidos, atualização de programas, telescópios de alto alcance e sistemas de informações geográficas?

GABARITO

A SEGUIR VEM O NOSSO GABARITO!

ENTÃO NÃO ESPIE SE NÃO TIVER TERMINADO AS ATIVIDADES.

GABARITO

Agora vamos ver os gabaritos das atividades anteriores.

1. Pinturas Rupestres.
2. Babilônia.
3. Os Gregos.
4. Europa, África e Ásia.
5. Os Chineses.
6. Cobranças de impostos.
7. Os Romanos.
8. "Orbis Terrarum".
9. Os Egípcios.
10. Os Egípcios.
11. Os Árabes.
12. Idade Média.
13. A Era dos Descobrimentos.
14. Gerard Mercator.
15. Revolução Industrial.
16. Século Dezenove.
17. Astrolábio.
18. Os Astecas.
19. Carl Ritter e Alexandre von Humboldt.
20. Século Vinte.
21. Iluminismo.
22. Revolução Industrial.
23. Satélite.
24. Século Vinte e Um.

Referências

Anderson, P. S. 1982. Princípios de Cartografia Básica. Disponível em: <https://edisciplinas.usp.br/pluginfile.php/4522619/mod_resource/content/1/ANDERSOA%201982%20Principios%20de%20Cartografia%20Basica.pdf>. Acessado em Março de 2023

Campos, A. C. 2007. Uma breve evolução da Cartografia na história da sociedade. In: Cartografia Básica. São Cristóvão: Universidade Federal de Sergipe, CESAD. Disponível em:<https://cesad.ufs.br/ORBI/public/uploadCatalago/11185004042012Cartografia_Basica_Aula_2.pdf>. Acessado em Março de 2023

David Rumsey Map. 2023. Map of South America made - French cartographer D'Anville (1787). Disponível em: <https://www.davidrumsey.com/home>. Acessado em Março de 2023

Flickr. 2023. Aplicativo online de gerenciamento e compartilhamento de fotos e vídeos. Disponível em: <https://www.flickr.com/>. Acessado em Março de 2023

Google Earth. 2023. Disponível em: <https://www.google.com.br/earth/>. Acessado em Março de 2023

Harley, J.B. 1988. Maps, knowledge, and power. In The Iconography of Landscape: Essays on the Symbolic Representation, Design, and Use of Past Environments (pp. 277-312). Cambridge University Press.

Henry Davis. 2023. Maps. Disponível em: <http://www.henry-davis.com/maps/Rem/Rem1/346.html>. Acessado em Março de 2023

Horowitz, Wayne. 1988. The Babylonian Map of the World, anos: Iraque 50, p. 147-165, 1988.

Infoescola. 2023. Cartografia: História da Cartografia. Disponível em: <https://www.infoescola.com/cartografia/historia-da-cartografia/>. Acessado em Março de 2023

Instituto Brasileiro de Geografia e Estatística. Atlas Escolar: Conceitos Gerais – História da Cartografia. Disponível em: <https://atlasescolar.ibge.gov.br/conceitos-gerais/historia-da-cartografia.html>. Acessado em Março de 2023

Library of Congress. Map from 1569 – location: South America. Disponível em: <https://www.loc.gov/>. Acessado em Março de 2023

Lucírio, I.; Heymann, G. 1992. O mundo na palma das mãos. Superinteressante. São Paulo, v. 56, mai, 1992. Disponível em: <http://super.abril.com.br/superarquivo/1992/onteúdo_113048.shtml>. Acessado em Março de 2023

Met Museum. 2023. Planiglobium Terrestre – Weigel, 1746. Disponível em: <http://www.metmuseum.org/>. Acessado em Março de 2023

Prepara ENEM. 2023. História: A origem da bússola. Disponível em: <https://www.preparaenem.com/historia/a-origem-bussola.htm>. Acessado em Março de 2023

Quadrilátero Ferrífero 2050. 2019. Mapa Geológico do Quadrilátero Ferrífero versão 2019, escala 1:150.000: Revisado e atualizado. Disponível em: <https://qfe2050.ufop.br/>. Acessado em Março de 2023

Steam Community. 2023. Orbis Terrarum, o Mapa Romano. Disponível em: <https://steamcommunity.com/sharedfiles/filedetails/?l=hungarian&id=1420971240>. Acessado em Março de 2023

Wikimedia Commons. 2023. A collection freely usable media files to which anyone can contribute. Disponível em: <http://commons.wikimedia.org/>. Acessado em Março de 2023

Dicionário Online de Português, 2023. Disponível em: <https://www.dicio.com.br/topografia/>. Acessado em Março de 2023

BARROS, J. G.C.. Glossário de termos geológicos e ambientais aplicados às geociências. Brasília: ESMPU, 2006.

BABILÔNIA. História do Mundo, 2023. Disponível em: <https://www.historiadomundo.com.br/babilonia>. Acessado em Março de 2023

TEMBA, P. Fundamentos da fotogrametria. Belo Horizonte: UFMG, p. 22-31, 2000.

O que é um Sistema de Informações Geográficas (SIG). Disponível em: <http://www.dpi.inpe.br/spring/portugues/tutorial/introducao_geo.html#:~:text=SIG%20%C3%A9%20um%20sistema%20que,%22%20(Aronoff%2C%201989)>. Acessado em Março de 2023